# 农用地膜污染防治十大模式

◎ 严东权 李少华 宝哲 靳拓 刘勤 等 编著

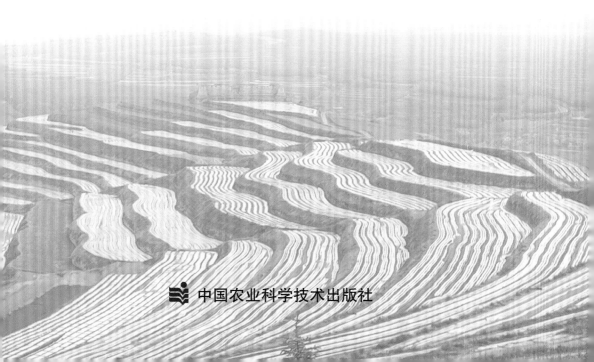

中国农业科学技术出版社

**图书在版编目（CIP）数据**

农用地膜污染防治十大模式 / 严东权等编著 . -- 北京：
中国农业科学技术出版社，2022.12
ISBN 978-7-5116-6054-1

Ⅰ . ①农… Ⅱ . ①严… Ⅲ . ①农用薄膜－污染防治
Ⅳ . ① X71

中国版本图书馆 CIP 数据核字（2022）第 225984 号

责任编辑　金　迪
责任校对　王　彦
责任印制　姜义伟　王思文

出 版 者　中国农业科学技术出版社
　　　　　北京市中关村南大街 12 号　　邮编：100081
电　　话　（010）82106625（编辑室）　（010）82109702（发行部）
　　　　　（010）82109709（读者服务部）
网　　址　https://castp.caas.cn
经 销 者　各地新华书店
印 刷 者　北京地大彩印有限公司
开　　本　170 mm×240 mm　1/16
印　　张　5.5
字　　数　76 千字
版　　次　2022 年 12 月第 1 版　2022 年 12 月第 1 次印刷
定　　价　68.00 元

# 《农用地膜污染防治十大模式》
# 编著人员

主 编 著　　严东权　李少华　宝 哲　靳 拓　刘 勤

副主编著　　孙建鸿　习 斌　许丹丹　周 涛　张 凯
　　　　　　李旭冉　严昌荣　贺鹏程　居学海　刘代丽
　　　　　　刁延宾　张若宇

参编人员　（按姓氏笔画排序）

| | | | | |
|---|---|---|---|---|
| 马广明 | 马金骏 | 马振鹏 | 王 立 | 王神云 |
| 文北若 | 田 涛 | 史登玉 | 冯均科 | 刘 海 |
| 刘宏金 | 刘慧颖 | 孙 志 | 孙 昊 | 李 兰 |
| 李二庆 | 李国领 | 李崇霄 | 李朝婷 | 杨午滕 |
| 吴洁云 | 何文清 | 张 伟 | 张 杰 | 张 凯 |
| 张 斌 | 张 雷 | 张和琴 | 张佳男 | 张相松 |
| 武自宪 | 罗有中 | 罗晓亮 | 赵 亮 | 赵武云 |
| 赵明远 | 胡美华 | 段振佼 | 秦国伟 | 徐吉伟 |
| 徐浪涛 | 唐继荣 | 黄博华 | 曹珊珊 | 蒋 宏 |
| 蒋 波 | 蒋汶晓 | 程兴田 | 傅建伟 | 曾晓萍 |
| 颜 晓 | | | | |

# 前　言

　　地膜是重要的农业生产资料,具有良好的增温保墒、抗旱节水、抑制杂草等作用,能够显著提高作物产量和品质。地膜覆盖技术自 20 世纪 70 年代末从日本引入我国以来,广泛应用于玉米、棉花、蔬菜、马铃薯等作物,对保障国家粮食安全和重要农产品有效供给、丰富百姓菜篮子、增加农民收入具有重要意义。随着地膜用量和使用年限的增加,部分地区农田地膜残留污染日益严重,破坏了土壤结构,影响了耕地质量,制约农业可持续发展。

　　中央高度重视地膜污染治理工作。2014 年,习近平总书记在中央农村工作会议上指出,要提高农膜回收率。2018 年,习近平总书记在全国生态环境保护大会上提出,要完善废旧地膜回收处理制度。2021 年,国务院印发《"十四五"推进农业农村现代化规划》,在加强农业面源污染防治专章中对地膜使用回收做出了专门部署。为贯彻落实中央有关决策部署,"十三五"时期,农业农村部实施农膜回收行动,聚焦西北地区建设一批农膜回收重点县,大力推进标准地膜应用、机械化捡拾、专业化回收,探索"谁生产、谁回收"的地膜生产者责任延伸机制,创设农膜回收区域性补偿制度。各地积极落实,探索出一批好经验、好做法。2022 年以来,农业农村部会同财政部组织实施地膜科学使用回收试点工作,从加厚高强度地膜应用和全生物降解地膜替代两个方向协同发力，不断强化政策举措。目前，全国农膜回收率稳定在 80% 以上，重点地区"白色污染"得到有效治理。

为深入推进地膜污染防治工作，在前期征集各省（区、市）农用地膜污染防治典型案例的基础上，我们认真总结"十三五"时期农膜回收行动成效与经验，组织有关专家研究遴选，围绕地膜减量替代、有效回收、加工利用、机制创设四个方面，凝练形成了农用地膜污染防治十大模式。每种模式均从模式简介、主要特点、模式流程、典型案例、适用范围五个方面进行了详细介绍。希望本书能够为从事地膜使用、回收及污染治理工作的管理人员和技术人员提供参考，并能够为有关生产企业、经销商、专业合作社、家庭农场及广大农民科学使用回收地膜提供指导和帮助。

本书虽数易其稿，但由于编著者专业知识水平和时间有限，书中难免存在疏漏和不足之处，敬请广大读者批评指正。

编著者

2022 年 11 月

# 目　录

# 一

# 北方地区地膜使用源头减量模式

## （一）模式简介

该模式基于北方地区农业生产实际和气候资源条件，在开展典型作物地膜覆盖技术适宜性评价基础上，科学划定作物地膜覆盖适宜性分区，因地制宜采取地膜减量化措施，从源头降低地膜残留污染风险。

## （二）主要特点

1. 开展作物地膜覆盖技术适宜性评价，综合考虑作物生长周期特征和地膜覆盖的现实条件，科学评定地膜覆盖的综合使用效果，充分发挥地膜增温保墒功效，因地制宜构建评价指标体系，划定作物地膜覆盖适宜分区。

2. 在可不覆盖地膜区域，推广无膜种植技术，加强作物抗旱品种选育和田间管理。在适宜地膜覆盖区域，推广一膜多年、多季使用技术模式或进行地膜适期回收作业。

## （三）模式流程

首先开展作物地膜覆盖技术适宜性评价，划定区域地膜覆盖适宜分区。在可不覆盖地膜区域，推广无膜种植技术。在适宜覆膜的黄土高原沟壑区和山地丘陵区，可应用加厚高强度地膜，整理地膜覆盖厢面，尽量保持膜面完整，下一季作物种植时直接在膜上播种；在适宜覆膜的华北和南疆等地区，在地膜仍保持较好强度和韧性时，进行适期回收作业（图1-1）。

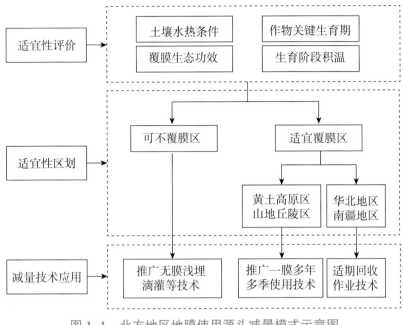

图 1-1 北方地区地膜使用源头减量模式示意图

## （四）典型案例

**案例 1：东北地区玉米无膜浅埋滴灌技术应用**

实施地点位于内蒙古通辽、赤峰和兴安盟等东部旱作区。通过研究该地区地膜覆盖与土壤温度、水分和作物产量的关系模型，构建作物生育需求阈值数据库，定量分析玉米地膜覆盖的生态和经济效益，采取层次分析法、专家咨询法等方式，筛选出生态适宜性关键指标为温度亏缺指数、水分亏缺指数，经济适宜性关键指标为经济效益增量和产投比，基于此构建地膜覆盖适宜性评价模型，科学测算作物地膜覆盖安全期和适宜度（图1-2、图1-3）。

根据适宜性评价结果，在东部旱作区可不覆盖地膜区域，推广玉米浅埋滴灌无膜种植技术。

3

图 1–2　东北春玉米地膜覆盖适宜性评价系统

报告

| 春玉米地膜覆盖生态适宜性 | |
| --- | --- |
| PMF功能 | 增加地温: 130.19(℃)<br>减少蒸发: 159.81(mm) |
| 适宜指数 | 中 |
| 结论建议 | 中适宜，谨慎推荐 |

| 春玉米地膜覆盖经济适宜性 | |
| --- | --- |
| PMF功能 | 提高产量: 15.6(%)<br>增加收入: -15605.37(元/ha) |
| 适宜指数 | 低 |
| 结论建议 | 不适宜，不推荐 |

| 春玉米地膜覆盖综合适宜性 | |
| --- | --- |
| PMF功能 | 增加地温: 130.19(℃)<br>减少蒸发: 159.81(mm)<br>提高产量: 15.6(%)<br>增加收入: -15605.37(元/ha) |
| 适宜指数 | 低 |
| 结论建议 | 不适宜，不推荐 |

重新生成适宜性报告

定位　　适宜性绘图　　指数与报告　　我的

图 1–3　东北春玉米适宜性评价区划

玉米浅埋滴灌无膜种植技术具体作业流程如下。

1. 整地。在秋季深翻时，施入农家肥2000～3000 kg/亩（1亩 ≈667 m²），翻耕深度为30～35 cm（图1-4）。

2. 播种。春季根据土壤墒情适时早播，利用精量播种机一次完成开沟、施肥、播种、铺管带、覆土镇压、喷除草剂等作业程序，每亩用种量1.5～2.5 kg，采用宽窄行种植模式，一般窄行35～40 cm、宽行80～85 cm。播种的同时将滴灌带埋入窄行中间埋深2～4 cm沟内（图1-5）。

3. 灌溉。播种后及时连接主管与毛管等田间给供水设施，检查正常后浇出苗水，浇至滴灌带两侧20～30 cm（图1-6）。

4. 田间管理。6月上中旬要及时对玉米螟实施绿色综合防控，分期适时滴水追肥（图1-7）。

5. 收获。玉米收获前及时回收滴灌带，主管带可以重复利用3次，毛管回收后，及时送交回收网点。成熟期适时机械化收获，秸秆粉碎还田。

2015-2019年，该技术累计在内蒙古推广1300余万亩，与常规灌溉方式相比，亩均增产131 kg。该技术既减少了水肥用量，提高水肥利用效率，又改膜下滴灌为无膜浅埋滴灌，实现地膜的源头减量，防控"白色"污染。

图1-4 春耕播前整地

图 1-5　浅埋铺设滴灌带

图 1-6　播种后灌溉

图 1-7　玉米苗期田间管理

**案例 2：黄土高原一膜两季种植技术应用**

实施地点位于甘肃省陇南市、天水市、庆阳市等黄土高原旱作区。根据地膜覆盖技术适宜性评价，该地区适宜覆盖地膜，可推广一膜两季种植技术，即地膜在玉米收获后不揭开继续使用，当年第二茬直播冬小麦、冬油菜等。地膜要求选用加厚高强度、耐候期长的地膜，推荐覆盖使用时间超过 540 天。为确保地膜使用质量与效果，延长地膜有效使用时间，地膜要精心使用、细心维护，保持地膜完整、减少破口。在覆膜前要施足基肥，不但要满足当季作物的肥料需求，还要保证下茬作物有充足的养分供应（图 1-8、图 1-9）。

图 1-8　一膜两季使用对照示范田

图 1-9　加厚高强度地膜机械覆盖

黄土高原一膜两季种植技术具体作业流程：在玉米收后清除前茬玉米秸秆，用手推式轮式播种器选择抗逆丰产冬小麦/油菜直接在膜上穴播（图1-10）。二茬种植冬小麦时，播种密度为51万～53万穴/hm²，在冬小麦返青后用手推式轮式施肥器追施普通氮肥（纯氮）75～105 kg/hm²；如果二茬作物为油菜，则在油菜生长至3～5片真叶时进行定苗，密度控制在30万～45万株/hm²，在油菜返青后用手推式轮式施肥器追施普通氮肥（纯氮）75～90 kg/hm²，同时注意冬小麦/油菜的病虫害防治（图1-11）。地膜两季使用后要注意及时回收。

图1-10　二茬种植的油菜直接在膜上穴播

图1-11　油菜生长发育情况

## （五）适用范围

该模式适用于北方干旱半干旱种植区。

# 二
# 西北地区棉花、玉米地膜
# 机械化回收模式

## （一）模式简介

该模式基于西北地区棉花、玉米种植特点，根据秸秆处理方式，在秋季作物收获后因地制宜采取合理机械化回收方式，有效回收当季地膜，棉花在第二年播种前，要与整地作业相结合进行二次机械化回收，进一步清理耕层中残留地膜，提高地膜回收率。

## （二）主要特点

1.应使用符合《农用聚乙烯地面覆盖薄膜》（GB/T 13735—2017）及地方相关标准的产品，宜采用加厚高强度地膜，厚度在 0.015 mm 及以上，进一步提升拉伸负荷、断裂标称应变和耐老化性，提高地膜可回收性。

2.棉花收获后，根据地块大小选择合适的秸秆粉碎和地膜回收联合作业机进行作业，当季地膜回收率达到 80% 以上。在第二年春季棉花播种前，采用弹齿式、搂耙式残膜回收机，或整地与残膜回收联合作业机进行耕层地膜回收。

3.玉米收获后，通过人工移除或机械打捆清除农田玉米秸秆，然后选择合适的地膜回收机进行回收作业，当季地膜回收率达到 80% 以上。

4.在地膜回收作业过程中，要充分考虑农田土壤类型和墒情，土壤含水量宜为 15% ～ 20%，避免土壤水分过多影响地膜回收作业效率和效果。

## （三）模式流程

棉田地膜回收作业采用两次作业，第一次在棉花收获后进行，第二次在春季棉花播种前结合整地进行，同时要保证秸秆粉碎符合作业要求。玉米田地膜采用一次两段式回收作业，在玉米收获后进行，先进行玉米秸秆处理，再进行地膜回收。废旧地膜田间机械回收后，对泥土、秸秆等进行清杂处理，并及时交送回收站点，分类捆扎、打包后，进行后续的资源化再利用（图2-1）。

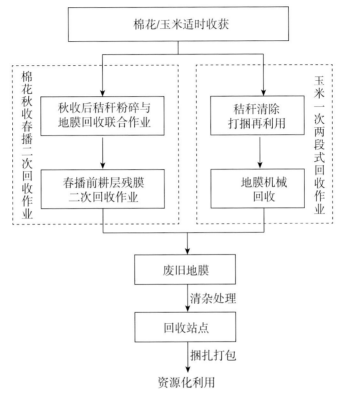

图 2-1　西北地区棉花玉米地膜机械化回收模式示意图

## （四）典型案例

### 案例 1：新疆棉田地膜机械化回收

实施地点位于新疆阿克苏地区和石河子市，属内陆绿洲农业区，农业生产的规模化、机械化程度较高，棉花是该区域主要农作物之一。种植模式为 1 膜 6 行（66 cm+10 cm），滴灌带铺放采用 1 膜 3 管浅埋铺放在窄行中，地膜覆盖是棉花生产的关键措施。

该区域棉田地膜回收采用二次回收作业。为提高地膜回收性，考虑到新疆紫外线强、温差大、风沙大等气候特点，地膜使用回收周期长，要求地膜具有良好的抗老化性能，耐候期一般在 210 天以上。第一次作业在棉花收获后的 10 月下旬或 11 月上旬进行，选择二阶链板式、随动式秸秆粉碎还田与残膜回收联合作业机，或者 4JMLQ-210 秸秆还田与残膜回收联合作业机进行棉花秸秆粉碎和地膜回收联合作业（图 2-2 至图 2-4），作业效率 10 ～ 15 亩 /h，当季地膜回收率可达 90%，秸秆等纤维性杂质含量低于 20%。第二次作业是在翌年春季进行，采用 4SGMS-2.0 型梳齿式耕层残膜回收机，或 4CM-2.6 型残膜回收机回收土壤中的残留地膜，并对土壤进行耙耱，地膜回收率可达到 85%（图 2-5、图 2-6）。

图 2-2　二阶链板式秸秆粉碎还田与残膜回收联合作业

图 2-3　4JMLQ-210 秸秆还田与残膜回收联合作业

图 2-4　随动式秸秆粉碎还田与残膜回　　图 2-5　秸秆粉碎与残膜集条联合作业
　　　　收联合作业

图 2-6　棉田废旧地膜机械回收效果图

## 案例 2：甘肃旱塬春玉米农田地膜机械化回收

实施地点位于甘肃中部的定西市安定区，属南温带半湿润 – 中温带半干旱区，年均降水量 350 ～ 600 mm，蒸发量高达 1 400 mm 以上，是覆膜玉米的主要种植区，玉米种植以全膜双垄沟播种植模式为主，每年玉米覆膜种植面积约 60 万亩。该区域覆膜玉米农田的残膜回收采用两段式作业方式。

在秋季玉米收获后，采用人工或简易机械对秸秆进行砍倒打捆后搬离农田，进行资源化利用，主要作为饲料。秸秆处理后农田耕层土壤含水量

13

小于 18% 时，即可进行地膜回收作业。作业机具为 11MFJ-125B 型双升运链锥轴自卸式废膜回收机（图 2-7），作业效率为 4 亩 /h 左右，地膜回收率达 85%，回收地膜中秸秆等杂物含量低于 15%，易于再利用。同时，该作业还对 0 ～ 15 cm 土层进行了松碎作业，可省去下一茬农田的整地环节，节约了作业成本（图 2-8）。

图 2-7　11MFJ-125B 型双升运链锥轴自卸式废膜回收机

图 2-8　玉米田残膜机械回收作业

## （五）适用范围

该模式适用于北方干旱半干旱、地区地势平坦、规模化的覆膜棉田和玉米田。

# 三
# 地下茎果类作物地膜
# 机械化回收模式

## （一）模式简介

该模式是基于北方马铃薯等地下根茎类作物和花生等地下果实类作物覆膜种植特点，根据地下根茎（果）不同收获方式，在根茎（果）收获后或收获时因地制宜采取地膜机械化回收方式，有效回收当季地膜。

## （二）主要特点

1. 马铃薯残膜回收采取杀秧后马铃薯收获与残膜回收一体作业方式，充分利用了薯块生长在地下，收获时受残膜影响较小的特性，实现了残膜与薯块的高效分离，当季地膜回收率达 85% 以上。

2. 花生收获时秧果会带走大部分残膜，可用摘果机、除膜揉丝机，分离荚果、花生秧和残膜，对剩余残留田间的地膜，根据地块大小选择合适的回收机进行作业，当季地膜回收率 80% 以上。

3. 在地膜回收作业过程中，要充分考虑农田土壤类型和墒情，适宜土壤含水率为 15%～20%，应避免土壤含水率过高影响地膜回收作业效率和效果。

## （三）模式流程

马铃薯先进行杀秧处理，秧蔓就地粉碎还田，采用马铃薯挖掘与残膜回收一体机，同步实现薯块挖掘收获、起膜、上膜、清膜、卷膜等作业。花生在果秧收获后，用摘果机实现秧果分离，采用除膜揉丝机实现秧膜分离，对田间残膜进行机械回收作业。废旧地膜田间机械回收后，进一步清杂处理，并及时交送回收站点，分类捆扎、打包后，进行后续的资源化再利用（图 3-1）。

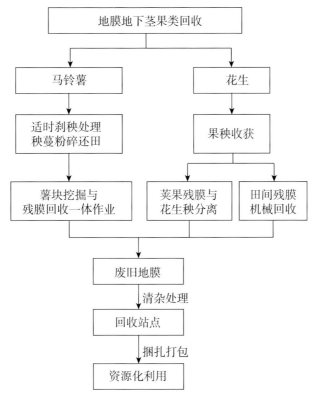

图 3-1 地下根茎果类作物地膜机械化回收模式示意图

## （四）典型案例

### 案例1：辽宁阜蒙县花生收获后地膜机械化回收

辽宁省阜新市阜新蒙古族自治县是"全国花生绿色高产高效创建标兵县"，花生种植面积稳定在 130 万亩以上，其中覆膜种植约 18 万亩，主要集中于合作社和家庭农场，花生采用膜下滴灌，9 月花生机械收获，进行晾晒，待荚果含水量降至 15%，用摘果机摘果（图 3-2、图 3-3、图 3-4）。

花生果秧移出后，对田间残留的废旧地膜，采用 1MSWL-165A 型网链式残膜回收机进行收膜作业，一次性完成挖掘起膜、输膜、清土和集膜作业。机具由挖掘铲、碎土辊、双作用激振装置、三拐点变向式（可调）网链输膜机构、集膜装置等部件组成，机具配套动力为 75 ～ 120 kW，作业幅宽为 1.65 m，当季地膜回收率 ≥ 85%，缠膜率 ≤ 2%，作业效率为 9 ～ 12 亩 /h（图 3-5）。

图 3-2　花生收获前果秧与残膜

图 3-3　收获后花生秧、荚果上缠绕的残膜

图 3-4　花生秧膜分离机

图 3-5　花生收获后田间残膜回收作业

**案例2：甘肃定西市马铃薯挖掘与残膜回收一体化作业**

实施地点位于甘肃中部的定西市，属南温带半湿润 – 中温带半干旱区，马铃薯种植主要有大垄双行、小垄单行、全膜双垄沟播等种植模式，年种植面积 300 余万亩。该区域农田残膜回收是在马铃薯杀秧约一周时间进行马铃薯挖掘与残膜回收一体化作业（图 3-6）。

图 3-6　甘肃马铃薯挖掘与残膜回收一体作业

马铃薯 80% 左右的茎叶枯黄，块茎成熟时，采用 1JH-110 薯类杀秧机进行机械化杀秧，留茬高度不超过 5 cm 为宜。杀秧约一周后，马铃薯表皮木栓化，应在土壤相对含水率小于 20% 时，进行马铃薯挖掘和残膜回收一体化作业。作业时，收获机通过悬挂机与拖拉机连接，挖掘铲前后运动，土垡与马铃薯被挖掘铲铲起，两端通过切土圆盘刀切断茎秆和土块，通过抖动机构上下抖动，土垡、马铃薯及残膜通过振动栅条向后输送，在输送过程中马铃薯留在栅条上，土壤从栅条缝隙中落到地上，马铃薯最后条铺在机具正后方，残膜通过旋转锥筒上的双排缠膜钉齿扎破，缠绕在缠膜锥筒上，完成挖掘与残膜回收联合作业。在卷膜过程中偶尔残膜缠绕不上时，可人工辅助把大块残膜搭接到缠膜锥筒上，回收的残膜卸载到地头便于运输的地方存放。作业机具为 4UFMJS-110 型马铃薯挖掘与残膜回收一体机，机具作业效率为 3 ～ 4 亩 /h，马铃薯损失率＜ 4.0%，伤薯率＜ 1.5%，破皮率＜ 2.0%，地膜回收率达 85%，回收地膜中秸秆等杂物含量低于 15%，易于再利用，降低作业成本。

## （五）适用范围

该模式适用于北方地势平坦、规模化种植的地下根茎类、果实类作物覆膜农田。

# 四
# 区域农田废旧地膜有效回收模式

## （一）模式简介

该模式通过构建区域内完善的回收网络体系，发挥财政补贴资金激励引导作用，通过"以旧换新""以旧置物"等方式，充分调动农户捡拾回收地膜的积极性，配套台账管理等制度，有效提升区域地膜回收水平。

## （二）主要特点

1.该模式充分发挥了财政资金激励引导作用，通过财政资金采购高标准易回收的地膜，按照一定比例兑换农户捡拾的废旧地膜，既能确保财政补贴资金的效益最大化，又能有效提升农户主动捡拾回收地膜的积极性。

2.该模式充分发挥了回收站点的纽带作用，由回收站点具体开展废旧地膜以旧换新、登记造册、建立台账等，再交售回收加工厂进行再利用，充分发挥回收站点连接农户和加工企业的关键作用，有效解决回收"最后一公里"问题。

## （三）模式流程

农户主动捡拾田间废旧地膜，通过"以旧换新""以旧置物"等方式，由回收站点统一兑换回收，并登记造册、建立台账，发放新膜或置换新物，废旧地膜再进行统一再利用或有效处置，监管部门对回收、兑换过程进行全程监管（图4-1）。

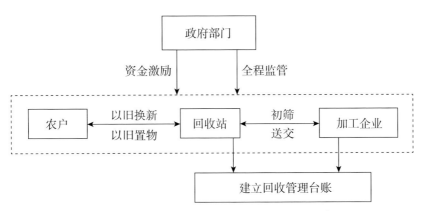

图 4-1　区域农田废旧地膜有效回收模式示意图

## （四）典型案例

### 案例 1：甘肃酒泉"区域组织 + 以旧换新"地膜回收

实施地点位于甘肃省酒泉市肃州区，地处河西走廊中段，耕地面积 72 万亩，蔬菜面积 23 万亩，制种面积 30 万亩，以玉米、小麦、洋葱、甜叶菊、辣椒和番茄为主，人均耕地面积 1.5 亩。地膜覆盖面积常年保持在 55.5 万亩左右，使用量约 3 330 t。近年来，通过政府补贴、全程监管、市场运作、全民参与，推进废旧地膜"以旧换新"，调动各方参与废旧地膜回收利用，加强地膜源头防控，有效解决地膜残留污染问题（图 4-2 至图 4-4）。

具体工作流程：（1）肃州区农业技术推广部门制定年度方案，筛选确定废旧地膜包片回收加工企业；（2）回收加工企业根据包片区域，按照市场化运作的方式建立回收站点；（3）乡镇组织发动群众捡拾交售废旧地膜，回收站点统一回收、登记造册，对农民交售的达到回收标准的废旧地膜，按照每 7 kg 废旧地膜兑换 1 kg 新地膜；（4）回收的废旧地膜拉运至加工企业进行再利用，加工企业建立加工台账；（5）肃州区农业技术推广部门对回收、加工过程进行全程监管（图 4-5 至图 4-9）。

图 4-2 广泛宣传引导群众回收废旧农膜

图 4-3 发动群众主动捡拾回收废旧地膜

图 4-4 采用机械化回收作业

　　通过实施该模式，肃州区连续 3 年废旧地膜回收利用率达到 80% 以上，盘活了已有废旧地膜加工再利用能力，健全了回收网络体系，减轻了耕地残膜污染，农业生态环境得到了有效保护和改善。

图 4-5　政府采购符合国家标准的新地膜

图 4-6　建立完善的回收网络

图 4-7　农民用废旧地膜兑换新地膜

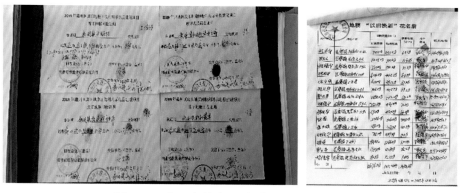

图 4-8　建立完善废旧地膜回收管理台账

图 4-9　对送交的废旧地膜回收再利用

### 案例 2：陕西榆林"政府扶持 + 企业运作"地膜回收

实施地点位于陕西省榆林市榆阳区，地处黄土高原和毛乌素沙地交界处，是黄土高原与内蒙古高原的过渡区。

按照"政府扶持、企业运作、种植主体参与"原则，政府招标采购标准地膜（厚度 ≥ 0.01 mm），由第三方（企业）设置乡村回收点或直接上门开展"以旧换新"置换农户等种植主体捡拾的残膜，废旧农膜杂质含量 ≤ 10%，可置换等量新农膜；杂质含量 > 10% 的，需晾晒、清除杂质后方可按相应标准置换新农膜，否则不予置换。回收的残膜由置换回收企业进行去杂、清洗、粉碎、加工塑料颗粒进行循环再利用，政府每吨补贴置换回收费 500 元，每吨补贴加工循环资源化利用处置费 2 000 元。目前，该模式推广面积 7 万多亩，全区农膜回收率达 81%，农膜回收企业加工利用率达到 100%，"白色污染"得到有效治理（图 4-10 至图 4-12）。

图 4-10　废旧地膜集中交售场景

图 4-11　农民通过以旧换新领取　　　图 4-12　废旧地膜回收站点储存堆放
　　　　　新地膜　　　　　　　　　　　　　　场景

## （五）适用范围

该模式适用于地膜覆盖面积、使用量较大的县区。

# 五
# 废旧地膜分类回收处理模式

## （一）模式简介

根据地膜回收网络体系建设、回收的废旧地膜质量情况等，采取分类回收处理方式，对有二次利用价值的废旧地膜等，由市场主体回收实现资源化利用；对无利用价值的废旧地膜，纳入农村垃圾收集处置体系。

## （二）主要特点

1.遵循"无害化、资源化"理念，培育扶持一批市场化运作主体，由市场主体回收有利用价值的废旧地膜、棚膜等，交送加工企业进行资源化利用。

2.对碎片化、老化严重、含杂率较高的无利用价值的废旧地膜，纳入农村垃圾收集处置体系，进行统一收运处置。依托农业园区、规模基地、垃圾回收站、废品收购站等建立村级、乡镇级回收网点，依托垃圾中转站、固废处理公司等建设县级中转处置中心、市级集中处置机构。

## （三）模式流程

使用后的废旧地膜，根据地膜质量、含杂率等，进行分类回收处置，对质量仍然较好、含杂率低的，由市场主体进行归集，实现资源化再利用；对质量较差、含杂率高的，纳入农村垃圾收集处置体系，进行焚烧、卫生填埋等无害化处理（图5-1）。

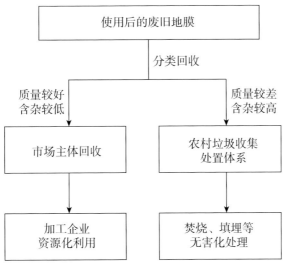

图 5-1 废旧地膜分类回收处理模式示意图

## （四）典型案例

### 案例 1：江苏昆山废旧地膜分类回收处置

实施地点位于江苏省昆山市。一是建设规范回收网络。依托供销合作社农资集中配送系统网点，建设全域覆盖废旧农膜回收网络，全市按照"有固定防渗场地、有统一标牌、有专人负责、有废膜储有量、有规范台账"的"五有"标准化建设回收网点 18 个，同时分片区建成配套齐全、面积超 750 m² 的废旧农膜归集仓库 2 个，形成"市有回收企业、区镇有回收站、村有回收点"的三级回收利用体系，为全市废旧农膜回收利用提供完善的网络保障（图 5-2）。二是摸清使用底数，对所有使用生产主体实行登记造册，逐户调查每个主体地膜使用量、预计废膜产生量、产生时间等，生产主体做好日常使用和上交记录。三是开展主动回收服务，各回收网点根据生产主体档案，在换膜季节主动联系生产主体开展上门回收，做好分户回收记录，并录入电子管理平台，形成了定点回收→分类整理→集中转运→专库储存→规范化利用的回收利用封闭式循环（图5-3至图5-5）。四是分类处置，对统一回收的地膜及棚膜等，打包后交售给有资质的再生资源加工企业再利用，对分散经营种植的产生量较少的废旧地膜，纳入农村生活垃圾处理体系回收处理，实施无害化处置（图5-6）。

基于此模式，2021年昆山市地膜回收率达97.8%。

图5-2　依照"五有"标准建立回收站点

图5-3　废旧农膜归集仓库

图5-4　废旧农膜归集专库

图5-5　回收网点主动上门服务回收

图5-6 仓库中回收的废旧地膜

**案例2：浙江嘉善废旧农膜分类回收处置**

实施地点位于浙江省嘉善县。为促进长三角生态绿色一体化发展，按照"分类回收、集中处理和财政扶持"的方式，嘉善县扎实推进废旧地膜分类回收处理工作（图5-7）。

一是实行科学分类处理。按照废旧农膜的功能、材质和再利用价值及分布情况，采取适宜的回收利用和处理方式。对于具有二次利用价值的废旧棚膜，纳入县再生资源回收系统，实行市场化运作。对于使用量较大的无利用价值的废旧农膜，纳入废旧农膜回收处理体系，进行网点回收、统一无害化处理，并落实监管责任，使用量较小的无利用价值的废旧农膜纳入农村生活垃圾处理体系回收处理。二是建立完善回收体系。全县建立13个回收网点和1家归集中心，配套符合条件的场地、仓库、称重等设施设备，建立完整准确的废旧农膜回收和归集台账记录，形成"使用者捡拾清理、村网点回收堆放、归集单位暂存管理和处理"回收体系。三是出台资金扶持政策。针对废旧农膜使用后捡拾清理回收困难等实际，县财政专门预算，对村网点回收的废旧农膜给予4 000元/t补助，归集单位按1 500元/t补助，村回收网点对于将废旧农膜捡拾清理后送至网点的给予一定补贴，有效提高了农户回收积极性。四是落实回收监管责任。各村负责督促回收网点把好回收关，对于含有较多杂质、水分等不符合回收标准的，予以退回或要求农户重新进行清理。组织网格员开展日常田间巡查，发现随意丢弃的废旧农膜，及时督促农户捡拾清理或落实村保洁员处理。各镇（街道）负责废旧农膜回收网点的监督管理，定期检查废旧农膜回收处理工作进展和各项措施落实情况。县农业农村局定期对回收网点和归集单位进行抽查（图5-8至图5-14）。

目前，全县农膜回收率达96.5%，地膜回收率达95%。

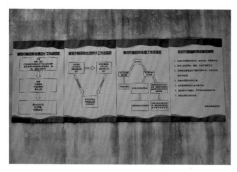

图5-7　废旧农膜分类回收工作流程图与管理制度

图5-8　废旧农膜回收网点

图5-9　农户回收废旧农膜称重

图5-10　归集中心回收废旧农膜后称重

图 5-11　归集中心废旧农膜暂存仓库

图 5-12　废旧农膜回收网点仓库

图 5-13　回收站点对废旧农膜进行
　　　　　筛选清理

图 5-14　回收站点对废旧农膜进行
　　　　　装卸操作

## （五）适用范围

主要适用于大中城市郊区以及东部经济发达、基础设施完备、回收网点布设合理的地区。

# 六
# 废旧地膜再生造粒循环利用模式

## （一）模式简介

该模式利用废旧地膜良好的热塑性，采用直接再生或改性再生的方式，经过除杂、破碎、漂洗、热熔、挤出、冷却、切粒等工艺，将废旧地膜加工成聚乙烯再生颗粒，实现废旧地膜循环再利用。

## （二）主要特点

1. 要在推荐覆盖期内及时回收地膜，尽量去除残膜中的秸秆、土壤等杂质，要求杂质占比率在 60% 以下。

2. 除杂一般包括两个步骤：一是人工抖土分拣，将石块、秸秆和部分泥土去除，也可采用打包腐熟方式，使秸秆等有机物质腐烂后脱离。二是多级漂洗，采用多级提料清洗或加长清洗槽的方式，进一步清洗掉粘附的杂质，清洗后的废旧白膜无黄土色，黑膜呈乌亮色。

3. 根据杂质含量选择不同目数滤网进行挤出，杂质含量在 20% 左右的，热熔后采用 60 目及以下滤网进行过滤；杂质含量在 10% 左右的，采用 80 目滤网；杂质含量在 5% 以下的，采用 100 ～ 120 目滤网。

## （三）模式流程

废旧地膜交售至加工厂，首先翻晒晾干，人工初步除杂。再使用破碎机将废旧地膜充分破碎，方便清洗。经过多级漂洗槽洗净，使用甩干机或风干机去除废旧地膜中的大部分水分。再进入烘干－热熔工序，在 80 ～ 126℃条件下蒸出多余水分并热熔挤塑，拉丝经过水冷槽后，切粒包装，形成再生颗粒（图 6-1）。

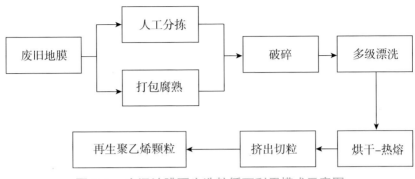

图 6-1　废旧地膜再生造粒循环利用模式示意图

## （四）典型案例

### 案例 1：甘肃会宁企业专营废旧地膜回收加工

会宁县位于甘肃省中部，是传统农业大县，以旱作农业为主，年地膜覆盖面积 189 万亩，年均产生废旧农膜 7 000 t 以上，是甘肃地膜覆盖面积最大的县区。近年来不断健全完善废旧农膜回收利用网络体系，通过商贩流动收购、网点固定收购、加工企业回收加工再利用，农膜残留污染防治取得了显著成效。

当地按照"农户捡拾—流动收购—集中储运—加工再利用"工作模式，建立废旧地膜回收点 23 个、机械化回收合作社 8 个，培育流动收购商贩 30 多人，扶持 1 个专业化回收加工企业。企业拥有造粒机 2 台、电磁加热设备 1 套，塑源 160-180 型主机 2 台、塑源 600 型破碎机 2 台，塑源 300 型冲洗机 4 台，塑源 600 型吸料机 4 台，塑源 140 型过滤机 4 台，年回收废旧农膜 2 400 t（含杂质），生产地膜再生颗粒 1 000 多吨，建立了较为稳定的产品销售渠道，形成了覆盖全县、高效运行的废旧地膜回收利用网络体系（图 6-2 至图 6-8）。

图 6-2　流动商贩田间地头回收废旧农膜　　图 6-3　废旧地膜腐熟打包

图 6-4　回收站点废旧地膜堆放场

图 6-5　废旧地膜破碎清洗

图 6-6　废旧地膜再生颗粒设备运行

图 6-7　再生聚乙烯颗粒产品　　　　图 6-8　废旧地膜回收利用宣传牌

### 案例 2：甘肃崇信企业兼营废旧地膜回收加工

崇信县位于甘肃省平凉市，年地膜覆盖面积约 10 万亩。该县采取废旧物资加工企业兼营废旧地膜回收利用的方式，有效解决废旧地膜加工企业"吃不饱"的问题。

该县加工企业拥有废旧塑料再生利用生产线 3 条，其中废旧地膜再生生产线 1 条，其他塑料再生生产线 2 条。每年的 3—5 月和 10—11 月，当地废旧地膜集中产生，通过现金收购、"以旧换新"等方式，敞开回收废旧地膜，集中 5 个月左右的时间，重点开展废旧地膜加工利用。其余时间重点开展废旧塑料瓶片、聚乙烯、聚丙烯等其他废旧塑料的再生利用。

2021 年共回收废旧农膜 694 t（废旧地膜 556 t、废旧棚膜 138 t），加工废旧农膜再生颗粒 168 t，同时生产其他塑料制品 400 余吨，推动全县农膜回收率稳定在 80% 以上（图 6-9 至图 6-12）。

图 6-9　企业组织人员捡拾回收路边废旧地膜

图 6-10　专业化回收组织在田间开始捡拾回收

图 6-11　加工企业对废旧地膜进行再利用

图 6-12　废旧地膜加
工生成再生颗粒

## （五）适用范围

主要适用于覆膜较为集中且面积较大的地区。

# 七
# 废旧地膜高值化利用模式

## （一）模式简介

针对废旧地膜用后老化破碎度高、膜杂分离难等问题，采用清洁去杂、物理粉碎、再生改性、安全处理等工艺，以废旧地膜为主要原料之一，加工成复合材料、化工原料等工业产品，实现废旧地膜清洁化、高值化再利用。

## （二）主要特点

1. 该模式相比于加工再生颗粒模式，生产工艺较为复杂，技术门槛相对较高，市场前景较好，能够提高废旧地膜再利用价值，拓展利润空间，有效促进回收利用体系运行。

2. 通过延伸企业生产加工链条，将废旧地膜再生造粒后，进一步深加工，形成高附加值产品。

3. 将废旧地膜与木纤维或矿砂等混合，压磨成粉，加入相应助剂，生产出具有防水、高硬度、耐老化、可塑性好的复合材料，免去漂洗、过滤等除杂工序。

## （三）模式流程

回收的废旧地膜转运至加工企业，根据企业自身工艺特点，主要有两种利用途径：一种是经过除杂粉碎热熔等工序后，形成再生塑料颗粒，进一步深加工制成滴灌带、管材、汽油桶、育苗盘等产品；另一种是直接进行密封粉碎，与植物纤维、矿渣等融合后，制成木塑板、土工板、井盖、井壁、树篦子等复合材料，实现高值化再利用（图 7-1）。

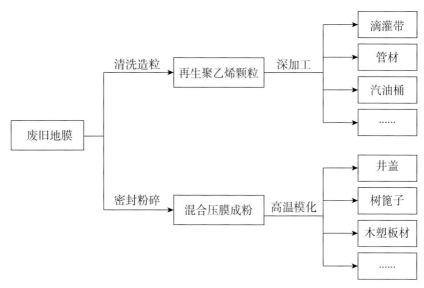

图 7-1　废旧地膜高值化利用模式示意图

## （四）典型案例

### 案例 1：甘肃民勤废旧地膜多元化利用

民勤地处河西走廊东北部，年地膜覆盖面积 69.9 万亩，占总播种面积的 80%，农膜使用量达 7 399 t，其中地膜 4 899 t、棚膜 2 500 t，是典型的农业大县。

全县布局建设专业化回收站 6 个，回收网点 220 个，实行统一规划、统一标识、统一衡器、统一制度和规范运作的经营管理模式。通过废旧地膜"以旧换新"，构建激励约束体系，确保企业对农户的废旧地膜"应兑尽兑、应收尽收"，构建了上下联动、衔接紧密的回收网络体系和长效监管机制。全县扶持建立废旧地膜回收加工企业 20 多家，其中深加工企业 4 家，已建成投产井圈井盖、玻璃纤维增强塑料夹砂管、玻璃化粪池、穿线管、雨水篦子、滴灌带、HDPE 双壁波纹管、木塑板等 9 条生产线。通过 4 家深加工企业，年生产井壁、井盖、树篦子、穿线管、玻璃纤维增强塑料夹砂管等50余种再生资源产品4万多吨，提高了再生塑料制品的利用价值，拉动了回收网络体系有效运行。目前，全县农膜回收率近85%，辖区内农田地膜残留量明显下降，生态环境得到显著改善（图7-2至图7-6）。

图7-2　废旧地膜深加工生产线

图7-3　废旧地膜加工滴灌带车间及设备

图7-4　废旧地膜加工制成聚乙烯穿线管

图7-5　废旧地膜加工制成汽油桶

图7-6　废旧地膜与矿渣、秸秆等混合模压制成井盖、树箅子

**案例 2：湖北丹江口废旧地膜生产木塑板材**

2014 年起，湖北丹江口某新型材料有限公司以农作物秸秆、废旧地膜等为主原料，采用"植物纤维和塑料共挤材料技术"，生产木塑板材及木质纤维纳米集成材料。该公司一般以 40% ～ 70% 秸秆（木质纤维）、15% 废弃地膜为原料，经粉碎、配料调节、脱糖、加热混合、冷却、挤压、注塑成型、切割等工艺，生产生态木塑板材，可广泛应用于包装、园林、运输、建筑、家装、车船内饰等场所，产品附加值较高，可替代木质建材、装修装饰材料等（图 7-7）。

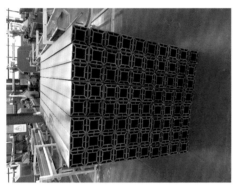

图 7-7　利用废旧地膜混合秸秆等生产出的木塑板材

## （五）适用范围

该模式适用于废旧地膜产生量大、有较为完善回收网络、具备废旧地膜深加工企业的地区。

# 八
# 全生物降解地膜应用模式

## （一）模式简介

通过在适宜区域、适宜农作物上，应用符合标准的全生物降解地膜，发挥增温、保墒、抑草等功效，促进作物生长发育和增产增效，使用后在自然环境中借助光热水等作用并通过土壤微生物利用，最终完全降解成二氧化碳、水和矿化无机盐。目前主要适用于马铃薯、烟草、加工番茄等作物。

## （二）主要特点

1. 应使用符合《全生物降解农用地面覆盖薄膜》（GB/T 35795—2017）等相关标准要求的产品，主要成分为具有完全降解特性的脂肪族聚酯、脂肪族–芳香族共聚酯等生物质材料，不得含有聚乙烯、聚丙烯等烯烃类原料。充分考虑区域气候资源特点，筛选适宜全生物降解地膜产品，一般以水蒸气透过率在 400 g/（$m^2 \cdot d$）以下，有效使用寿命在 60 天以上。具体产品应在当地作物上进行适宜性评价后方可推广。

2. 宜选择排灌方便、水源充足、土壤结构疏松的地块，视墒情适当深耕整地，清除土壤中的作物残余枝杆和石头，保证土面平整，避免铺设过程中地膜过早破损。

3. 地膜覆盖时应张紧适度、紧贴土床，可每隔 2 ~ 3 m 压盖适量土壤防风。使用滴灌系统时，应尽量避免地膜长期与滴灌带接触。在干旱地区，可适当增加灌溉频次和灌溉量，同时避免膜上长时间存水，防止地膜过早降解。

4. 种植结束后，应将全生物降解地膜尽量翻耕融入土壤，保持埋藏状态，以便降解。

## （三）模式流程

根据区域自然条件、资源禀赋、种植特点等，选择符合标准的适宜全生物降解地膜产品。播前深耕整地，确保土面平整。紧贴土床覆盖，注意压土，合理灌溉。作物收获后将地膜翻耕入土，保持埋藏加快降解，或与秸秆混杂堆肥处理（图8-1）。

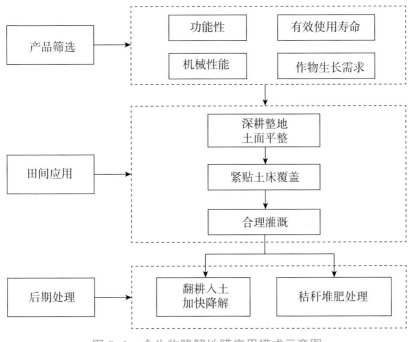

图 8-1 全生物降解地膜应用模式示意图

## （四）典型案例

### 案例 1：云南玉溪烟草应用全生物降解地膜

实施地点位于玉溪澄江市、江川区等地，是云南省主要的烟草种植加工地区，立体气候明显，常年气候温和。全生物降解地膜功能期与烟草种植的覆膜安全期基本吻合，可以满足作物增温保墒除草需要，可以替代传统地膜应用。

具体作业流程如下。

1. 深耕整地。4月中上旬，烟田在春季收获后深耕、平整，耕层深度在 20 ～ 30 cm，平整后先挖好边沟和腰沟，边沟比腰沟深 5 ～ 7 cm。旱地可用拖拉机深翻，以改善土壤的理化性状，熟化土壤，提高土壤肥力。

2. 理墒移栽。施下底肥之后开始理墒，同一片田地采用同一朝向开墒，要求"墒平、土细、沟直、排水畅通"。移栽时，烟苗茎杆 2/3 埋入土中为宜，种植密度在 1000 ～ 1100 株 / 亩，种植行株距 120 cm×（50 ～ 55）cm。

3. 覆膜使用。移栽后应及时覆膜，使用厚度在 0.01 mm 以上的黑色全生物降解地膜，地膜拉紧铺平，两头和两边用土压紧压实，使地膜与垄面紧紧相贴，呈相对的密闭状态，每隔一定距离在垄面地膜上压土，避免风刮掀膜。

4. 田间管理。施肥遵循养分平衡、因土施肥、品种需肥、因气候施肥和最大效益原则，在总施氮量中，有机氮≥ 25%，无机氮≤ 75%。病虫害管理遵循"预防为主、综合防治"的方针，立足于农业防治、推行生物防治与物理防治，配合使用化学防治，使用高效低毒低残留化学农药和生物农药。

5. 采收烘烤。待烟叶绿色减退、黄色显现时开始采收。要做到生叶不采，熟叶不丢，不漏墒、不漏株、不漏叶。

烟叶收获后，全生物降解地膜降解率在 60% 左右，直接翻耕入土，不影响下一茬作物种植（图 8-2 至图 8-4）。

图 8-2　云南玉溪烟草全生物降解地膜　图 8-3　烟田全生物降解地膜降解性能
　　　　　　覆盖　　　　　　　　　　　　　观测

图 8-4　烟田全生物降解地膜覆盖应用场景

### 案例 2：东北地区旱作水稻应用全生物降解地膜

东北地区是我国水稻主产区，当前水稻种植中存在生产成本过高、劳动生产率低等问题。旱作水稻覆全生物降解地膜直播栽培技术，相较于传统移栽模式，可实现节约用水 70%、节肥节药 30%，亩均节本增效 200元，同时全生物降解地膜最终实现全降解，达到节水除草、减肥减药、绿色环保的目的。实施地点位于内蒙古扎赉特旗。

具体作业流程如下。

1. 选地与整地。选择地势平坦，土质肥沃，前茬对水稻没有药害、有膜下滴灌设备的地块。土壤 pH 值不超过 7.5。整地要做到土碎、地平、无明暗坷垃，用旋耕犁旋耕 2 遍。

2. 品种选择与处理。选择比当地插秧水稻品种生育期早熟 7 ～ 10 天、米质好、抗性强、产量较高的旱作水稻品种。

3. 施肥。施肥时，通过施肥机将肥料混拌于至少 20 cm 深的耕层中。其中，腐熟农家肥的用量为 2 ～ 3 m³/ 亩；51% 水稻复合肥的用量为20 kg/ 亩。

4. 播种覆膜。4 月下旬到 5 月初，使用诱导期在 70 天以上的全生物降解地膜，用旱直播水稻专用播种机，铺滴灌管、覆膜、播种、覆土一次作业完成，采用大小行种植，每次播 8 行（4×2 行），大行距 25 cm，小行距 12 cm，穴距 12 cm，在大行间铺滴灌管。每穴播种 15 粒左右，播种量为 8 ～ 10 kg/ 亩，播种深度不超过 3 cm。

5. 田间管理。生育期内灌溉 6 ～ 8 次，灌溉量为 30 m³/ 亩。同时结合滴水追施氮钾肥 2 次。行间杂草可通过中耕犁中耕除草，苗眼少量杂草通过人工除草。

6. 适时收获。95% 以上的水稻颖壳呈黄色，谷粒定型变硬，米粒呈透明状，则可收割。收获后的残膜直接翻入田中自然降解（图 8-5、图8-6 ）。

图 8-5　水稻旱直播铺设全生物降解地膜

图 8-6　水稻覆盖全生物降解地膜长势

**案例 3：新疆加工番茄应用全生物降解地膜覆盖**

实施地点位于新疆昌吉，降水稀少，蒸发强烈，气温年较差、日较差较大，是全国重要的加工番茄生产基地，每年种植加工番茄约 4 万亩。该地区灌溉条件较好，属于典型绿洲农业区。在加工番茄上应用全生物降解地膜的产量、产值和纯利润，与传统地膜覆盖基本持平，具有较高的经济可行性和应用潜力。

具体作业流程如下。

1. 移栽前准备。选择地势平坦、土层深厚、保水保肥能力较强的地块，前茬作物收获后，采取深松耕、耕后耙耱等措施整地蓄墒，做到土面平整、土壤细绵，为覆膜、播种创造良好条件。因覆膜后难追肥，推荐施用长效、缓释肥料以及相关专用肥。在覆盖地膜前一周再次对农田进行翻耕，深度为 20 ～ 30 cm，翻耕的同时施用加工番茄专用基肥。

2. 覆膜和铺管。4 月中旬，利用覆膜机械每隔 30 cm 覆盖一垄黑色全生物降解地膜，覆膜宽为 120 cm，覆膜同时起垄，垄高 5 ～ 10 cm，垄宽 150 cm，与此同时，按照移栽株行距要求进行打孔，地膜拉展铺平，与垄面和垄沟贴紧，每隔约 2 m 用土横压，防大风揭膜。

3. 品种选择和移栽。4 月中下旬，移栽种植单果重 70 ～ 75 g、番茄红素含量大于 13 mg/100 g、可溶性固形物大于 5.3% 的加工番茄品种，每孔 1 株，每垄种植 2 行，株距 30 cm，行距 25 cm。

4. 田间管理。6 月初至 8 月中旬，每周进行一次水肥一体化膜下滴灌，共进行 9 次滴灌施肥，灌溉量为 20 m³/ 亩。在 6 月中旬，进行膜上机械覆土作业，使全生物降解地膜与垄面紧贴、压实。

在番茄采收时，50% ～ 70% 全生物降解地膜破裂降解，避免了地膜缠绕、采收机绞轮等情况，提高了加工番茄的采收效率和商品率（图 8-7、图 8-8 ）。

图 8-7 加工番茄应用全生物
降解地膜

图 8-8 加工番茄收获

**案例 4：甘蓝类蔬菜应用全生物降解膜**

实施地点位于江苏宜兴，属北亚热带季风气候，适于春秋两季种植甘蓝类蔬菜。

根据品种特性和种植要求，在 1—3 月或 7—8 月采用穴盘育苗，幼苗 3～5 片真叶适时移栽，结合整地每亩施商品有机肥 2000～4000 kg，合理配合使用化肥。采用高畦或平畦栽培，畦宽 0.8 m，沟深和宽均为 0.3 m。采用机械或人工作业覆盖全生物降解膜，要求有效使用寿命大于 60 天，厚度 0.01 mm 以上，覆膜前或同时铺设滴灌带。采用机械移栽或人工移栽，定植密度根据品种特性、气候条件和土壤肥力等确定。甘蓝一般每亩定植早熟种 3000～5000 株、中熟种 2500～4500 株、晚熟种 1600～3500 株；花椰菜一般每亩定植早熟种 2500 株、中熟种 2200 株、晚熟种 1600～2000 株；青花菜一般每亩定植早熟种 2500 株、中熟种 2500 株、晚熟种 2000 株。栽后及时浇定根水，膜面穴口覆土，根据墒情，合理节水灌溉。作物收获后，尾菜无须拉秧，旋耕机直接将尾菜与

降解膜旋耕入土，或先用灭茬机粉碎尾菜后，再用旋耕
膜旋耕入土，一个月后可种植下茬蔬菜（图 8-9 至图 8-13）。

图 8-9　设施棚舍甘蓝全生物降解地膜试验

图 8-10　采集覆膜甘蓝土壤
温度数据

图 8-11　大田甘蓝类蔬菜覆盖黑色全生
物降解地膜示范应用

图 8-12　大田甘蓝类蔬菜全生物降解
地膜机械全量还田示范片

图 8-13　甘蓝类蔬菜全生物降解地膜 + 尾菜全量还田作业

## （五）适用范围

适用于水热资源较为丰富的地区，主要在生育期较短、经济附加值较高的作物上应用，包括覆土栽培马铃薯、旱直播水稻、南方烟草、春花生、加工番茄、露地蔬菜等。

# 九
# 地膜生产者责任延伸治理模式

## （一）模式简介

该模式以地膜生产企业为核心，要求生产企业的责任延伸到地膜产品的使用回收环节，在源头端提高地膜产品质量，确保可回收性，在末端承担相应的回收责任，确保生产销售的地膜能够有效回收，构建生产者、使用者和相关主体共同参与的回收利用长效机制。

## （二）主要特点

1.以县域或区域为单元，通过招投标等形式确定1～2家地膜生产企业，负责提供全部地膜，并在使用后负责回收利用。地膜生产者通过改进地膜生产工艺、提供高质量产品、履行回收责任，换取固定的市场份额，提高市场竞争力，逐步建立起优胜劣汰、质量换市场的良性竞争机制。

2.地膜生产者承担回收延伸责任的具体形式：一是生产者通过押金制等形式，负责后端回收，即"谁生产、谁回收"，二是通过有偿委托第三方服务组织，开展废旧地膜回收，三是由生产者统一供膜、统一铺膜、统一回收再利用。在不同的市场、区域条件下可因地制宜选择不同操作形式。

3.地膜生产者要履行好相应的回收责任与义务，与使用者、销售者、回收网点积极合作，具备一定的回收加工能力或与当地加工企业合作，建立起覆盖生产、销售、使用、回收、处置等全链条的治理机制。

## （三）模式流程

地膜生产者负责统一生产提供符合标准要求的地膜产品，使用者从经销商处购买使用或由生产者直接供膜、铺膜，在地膜当季使用后，由生产者负责统一回收或委托第三方等形式进行回收。整个过程中政府有关部门要加强监管，综合运用项目扶持、资金补贴等方式，调动各方积极性（图9-1）。

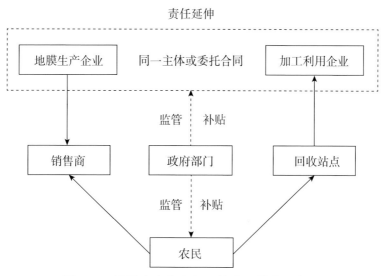

图 9-1　地膜生产者责任延伸治理模式示意图

## （四）典型案例

### 案例 1：甘肃广河地膜生产者责任延伸机制

广河县位于甘肃省中部西南，每年地膜覆膜面积 36 万亩以上，使用量 2100 t 以上（图9-2）。2017 年以来，广河县积极探索实践"谁生产、谁回收"的地膜生产者责任延伸机制，由地膜供应企业按照供应量负责回收销售区域内的废旧地膜，有效压实地膜生产企业回收责任，倒逼企业提高地膜产品质量，降低地膜回收难度。

一是严格筛选供膜企业。将企业具备废旧地膜回收加工能力作为招标必要条件之一，筛选确定供膜企业。二是严格落实供膜企业责任。县农业农村部门与中标企业签订农用地膜生产者责任延伸制度协议，明确由地膜生产企业统一供膜、统一回收。在地膜招标采购价确定时，给予适当上浮价格优惠，以调动招标企业积极性，并将12%的供膜款作为地膜回收质押金，由采购单位暂时保管。三是建全标准化回收网点。协调供膜企业建设标准化回收网点3处，并建立好回收台账。四是完善地膜回收机制。县农业农村部门与各专业化回收网点签订包片回收协议，将采购所得地膜通过"以旧换新"等方式，发放给地膜使用者。五是强化责任落实考核。年度回收结束后，企业通过收购或者新地膜抵价的方式，将广河县回收的废旧地膜拉运至加工车间进行资源化利用。广河县考核地膜生产企业完成回收任务后，拨付地膜采购款剩余部分（图9-3至图9-6）。

目前，广河县每年回收地膜1800多吨，地膜回收率超过85%，农民也养成了主动使用高质量地膜的习惯，相关补贴项目也在逐步退出。

图9-2 广河旱作农业顶凌覆膜万亩示范片

图 9-3 农户主动交售捡拾的废旧地膜

图 9-4 回收站点对农户交售的废旧地 　　图 9-5 回收站点堆放的废旧地膜
　　　　 膜登记造册

图 9-6 加工企业从回收网点拉运废旧地膜进行再利用

**案例2：甘肃临泽地膜生产者责任延伸机制**

临泽地处河西走廊中部，是传统的灌溉农业县，每年地膜覆盖面积近45万亩，使用量达2 300多吨。

2017年以来开展地膜生产者责任延伸试点，通过以奖代补、以旧换新、回收保证金等方式，引导农户、企业及社会各界力量广泛参与。按照"县有加工企业、镇有回收站、村有回收点"的目标，县政府明确试点企业责任主体，试点企业通过与镇村共同规划建设回收站点，建设标准化废旧地膜镇级回收站24个、村级回收点47个，形成了地膜生产者责任延伸县、镇、村、户的四级联动机制。各镇村建立废旧地膜回收站点，对交售废旧地膜的农户按照10：1兑换标准进行"以旧换新"或给予1元/kg收购，形成了地膜生产者责任延伸县、镇、村、户的四级联动机制。同时在全县25万亩制种玉米上实施农户地膜回收保证金制度，农户不回收地膜则利用保证金雇佣第三方进行回收，有效调动了农户回收地膜的积极性，降低了地膜生产企业的回收成本。

目前，全县地膜回收率保持在85%以上（图9-7至图9-9）。

图9-7　农民到回收站点集中交售废旧地膜　　图9-8　实施地膜以旧换新

图 9-9　兑换后的废旧地膜被拉运至加工企业

## （五）适用范围

主要适用于地膜使用量大、作物类型较为单一且具有规模化地膜生产企业的地区。

# 十
# 区域补偿制度促地膜回收模式

## （一）模式简介

该模式通过实施以绿色生态为导向的农业补贴制度，将耕地地力保护等补贴资金发放与地膜回收效果相挂钩，对于及时捡拾回收的，按照规定发放补贴资金，对于没有及时有效回收的，暂缓发放或扣除补贴资金，有效调动使用者的回收积极性。

## （二）主要特点

1. 将补贴资金发放与地膜回收效果相挂钩，有效发挥补贴资金的激励约束作用，将地膜使用者的回收积极性、主动性调动起来。

2. 对没有及时回收或回收效果不达标的，指导督促其落实回收措施，抓紧整改，在达到回收目标后，再发放相应补贴资金，或将这部分补贴资金通过购买服务方式，委托专业化服务组织开展捡拾回收，确保回收任务达标。

3. 构建地膜销售、使用和回收利用台账，尤其是建立回收网点、回收利用企业、地膜销售点的电子登记台账，实行大数据信息化管理，为强化地膜回收效果考核、补贴资金管理使用提供有力的数据支撑。

## （三）模式流程

制定县域或区域地膜回收区域补偿制度试点政策，明确相关农业补贴资金的使用范畴。建立地膜使用回收管理台账，基于现场检查考核与台账数据管理，对有效回收、考核达标的，及时发放相关补贴资金；对回收不及时、考核不达标的，暂缓或扣除发放补贴资金，采取督促整改或委托第三方等措施确保有效回收（图10-1）。

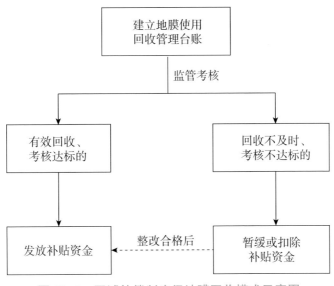

图 10-1 区域补偿制度促地膜回收模式示意图

## （四）典型案例

**案例1：甘肃高台区域补偿制度促地膜回收**

高台县位于河西走廊中部，2020 年，选择工作基础较好的宣化镇开展地膜回收区域补偿制度试点建设，全镇地膜覆盖面积 4.66 万亩，用量 256 t。

通过实施回收企业包镇、地膜"以旧换新"、用膜情况公开、镇村干部监督、补贴达标发放、部门联合执法等措施，初步建立以绿色生态为导向的补贴挂钩机制，推进废旧地膜高效回收。一是制定激励政策。按照经营主体每捡拾交售废旧农膜 6 kg（折纯）兑换 1 kg 新膜开展地膜"以旧换新"，依据试点镇覆膜面积，按照每亩 2.1 元列支专项监管经费，用于宣传发动、监督检查、村级网格员管理等工作。二是注重宣传发动。发放《告广大农户的一封信》《农用薄膜管理办法》彩页 5000 份，制作宣传版

73

面、公示栏、红黑榜，规范工作程序，引导群众提高认识、自觉捡拾、主动交售、领取补贴。三是健全回收体系。采取"一镇一企"，划定回收区域范围，签定包片协议，实现应收尽收。督促回收企业依托村委会建立区域回收站点2个、网点4个，确保覆膜区域全覆盖。对企业设立的站点、收购加工环节给予补贴，激励企业、站点发挥辐射拉动作用，提高残膜回收量。四是严格督导考核。按照"一网两摸四评三公示"的工作流程（一网：强化网格监管；两摸：摸清用膜底数、摸清交售总量；四评：农户自评、小组互评、镇村复评、县级抽评；三公示：对农户覆膜、捡拾交售、评定结果进行公示），建立了绿色生态导向补贴挂钩新机制，对考核达标的面积，及时向相应农户发放当年补贴资金，对考核不达标的面积，暂缓向相应农户发放当年补贴资金，劝导督促其抓紧整改，在达到回收目标后，再发放当年补贴资金（图10-2至图10-7）。

目前，通过实施该模式，带动全县每年回收废旧地膜1 383 t，地膜回收率达83.3%。

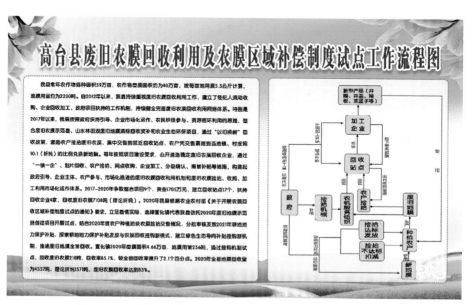

图10-2 高台县农膜回收区域补偿制度试点工作流程图

图 10-3　高台县召开区域补偿制度试
点启动会

图 10-4　发动农户主动捡拾回收废旧
地膜

图 10-5　回收站点对交售的废旧地膜
称重登记

图 10-6　按照农户交售票据开展地膜
"以旧换新"

图 10-7　高台县宣化镇区域补偿制度试点公示情况

**案例 2：新疆拜城地膜回收区域补偿制度试点**

拜城县是新疆重要的粮食基地、油料生产基地和玉米制种基地，地膜覆盖面积 41.07 万亩。

2021 年，拜城积极推动将耕地地力保护补贴发放与地膜回收相挂钩，创建生态保护综合服务合作社 10 家，将废弃农用地膜在内的农业生产废弃物全部纳入生态保护综合服务合作社回收范畴，与乡村治理、产业振兴深度融合，通过"+N 产业"的运营模式产生效益，形成了共享共建生态保护合作社模式。通过村级自验、乡镇复验、县级抽验的三级验收方式，在作物灌溉头水前和收获后组织进行验收，对未采取回收措施造成耕地土壤质量下降或回收率达不到 80% 以上的地块，不予发放耕地地力保护补贴资金，将这部分补贴资金通过购买服务方式，委托专业合作社开展捡拾回收。同时采取"以旧换新""积分兑换"等形式，以废弃地膜 1 元 /kg 的价格，对全县废弃地膜开展有价回收，统一处理，确保了生态保护综合服务合作社持续稳定盈利运行，推动壮大村集体经济，有效保护了农田耕地质量，促进了农业可持续发展（图 10-8 至图 10-17）。

目前，全县每年回收废旧地膜近 2 100 t，地膜回收率达 81.4%。

图 10-8　开展地膜污染治理宣传教育　　图 10-9　农民回收转运废旧地膜

图 10-10　将废旧地膜拉运至回收网点　　图 10-11　废旧地膜拉运至加工利用企业

图 10-12　企业利用废旧地膜生产聚乙　　图 10-13　开展废旧地膜联合督导检查
　　　　　烯再生颗粒

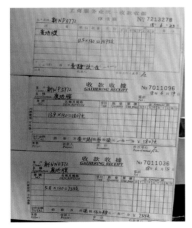
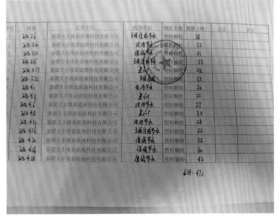

图 10-14　加工利用企业废弃　　　图 10-15　县级加工利用企业销售登记台账
　　　　　地膜回收登记台账

图 10-16　农膜
回收利用管理手
机 APP

图 10-17　农膜数字追溯服务平台

## （五）适用范围

该模式适用于地膜覆盖面积较大、工作基础较好的地区。